DE LA PLANTATION

DES

ARBRES FRUITIERS,

Par le docteur Crolliet,

PRÉSIDENT DE LA SOCIÉTÉ D'AGRICULTURE, ETC.

Notice ajoutée à l'édition publiée par la Société d'Agriculture
de Lyon, de la *Taille des arbres fruitiers*, par Butret.

S'il est utile qu'un arbre soit bien taillé, il importe aussi qu'il soit bien planté. Tout le succès dépend de ces deux opérations qui se suivent.

La plantation des arbres fruitiers offre quatre points à considérer :

1.º La terre dans laquelle on fait une plantation ;

2.º Les creux et les tranchées destinés à recevoir le jeune plant ;

3.º Le choix et la préparation du plant ;

4.º La manière de planter.

Nous allons exposer successivement les préceptes généraux qui se rapportent à chacun de ces points.

1.º *Des terres propres aux plantations.*

Il est des sites où la nature du terrain est favorablement disposée pour la culture des arbres fruitiers, et où les arbres se chargent d'abondantes récoltes sans exiger beaucoup de soins; mais il en est un plus grand nombre où le sol, peu favorable, ne se prête point à cette culture, et il resterait stérile si la main de l'homme ne lui donnait les qualités que lui a refusées la nature.

Vainement planterait-on dans un sol dur, argileux ou marneux, les arbres qui donnent les plus beaux fruits; les racines ne pourraient le pénétrer; l'arbre dépérirait bientôt.

Dans les terrains trop légers, maigres et sablonneux, que le soleil dessèche aisément, l'arbre ne trouve point assez de sucs pour se nourrir.

Si au-dessous d'une couche mince de terre végétale il n'existe que du tuf ou un gravier sec composé de cailloux, les racines ne peuvent y pénétrer, ni y trouver la substance nécessaire.

Dans les terres basses, froides et humides, où l'eau séjourne, les racines se pourissent et l'arbre périt.

Un jardinier habile qui a étudié son terrain sait en corriger les défauts, et, par ses soins, les arbres les plus beaux se couvrent de fruits dans une terre qu'il a trouvée stérile.

Il sait allier , dans des proportions convenables, une terre légère à une terre forte , et y mêler les engrais qui fournissent à la plante une nourriture abondante. Il donne un écoulement aux eaux stagnantes ; et si la nature du sol l'exige, il compose une terre toute nouvelle, destinée à recevoir le jeune plant.

Les fruits abondans que produisent les arbres plantés avec soin dédommagent amplement le cultivateur.

La terre la plus favorable aux arbres fruitiers est celle qui réunit au plus haut degré les conditions suivantes :

1.º Offrir aux arbres de la résistance contre les efforts des vents ;

2.º Conserver une humidité nécessaire ;

3.º Être aisément perméable aux racines ;

4.º Contenir les sucs nécessaires à la nourriture de l'arbre.

Ces conditions indispensables à une belle végétation , existent dans une terre composée d'une proportion convenable 1.º de terre argileuse, forte, qui lui donne du corps et retient l'humidité nécessaire ; 2.º de sable fin qui la divise, la rend friable et aisément perméable aux racines ; 3.º de terreau ou de détritus de substances végétales , qui la rend douce, légère et féconde ; 4.º d'une suffisante quantité d'engrais qui ajoute à sa fécondité.

Les jardiniers soigneux préparent ainsi leur terre par des mélanges dont ils varient les proportions selon le besoin de la plante.

Ainsi ils y mettent une plus grande proportion de terre grasse ou argileuse, pour les espèces de poiriers ou de pommiers dont la végétation est active et pour ceux que l'on élève à plein vent. Ils en laissent moins pour d'autres espèces et pour le pêcher, qui se plaît surtout dans la terre qui étant médiocrement grasse et un peu sablonneuse, tient le milieu entre les terres fortes et les terres légères.

Le sable qu'ils y ajoutent alors est du sable fin qui a été exposé à l'air, pris dans les ravins et surtout dans les chemins et les fossés ; ils y mêlent du terreau, des balayures de cours, des plâtras broyés, des cendres de lessive et du fumier suffisamment fait.

La terre, ainsi préparée et bien mélangée, reste exposée long-temps à l'air dont elle s'imprègne et où elle fermente ; on la divise en la passant à la claie ; puis on la jette dans les creux destinés à recevoir les jeunes arbres.

Des creux et tranchées.

Plusieurs raisons obligent les jardiniers à défoncer la terre à une certaine profondeur, et à faire des creux ou des tranchées avant la plantation.

La plus puissante est la nature d'un sol stérile, qui doit être remplacé par une terre propre à la végétation.

Ils les pratiquent aussi dans les bons terrains ; parce qu'une terre, quoiqu'excellente, dégénère à une certaine profondeur, lorsqu'elle y reste, pendant de longues années, privée de l'influence de l'air, des pluies et des engrais.

Il est encore nécessaire de changer la terre, lorsqu'on veut remplacer un arbre par un jeune plant de la même espèce.

Nous disons de la même espèce, parce qu'on a cru, pendant long-temps, qu'un terrain dans lequel des plantations d'arbres avaient été faites, n'était susceptible d'en recevoir de nouvelles qu'après un grand nombre d'années. Aujourd'hui, on sait que des espèces différentes se succèdent ; ainsi dans les pépinières de Paris, qui ne sont que d'une très-petite étendue, les arbres à noyaux succèdent aux arbres à pepin, et ceux-ci aux arbres à noyaux.

Les arbres dont les racines tracent peuvent succéder à ceux dont les racines sont pivotantes. Ainsi, le pêcher greffé sur prunier, dont la racine trace, peut succéder au pêcher greffé sur amandier, dont la racine pivote. De même que le poirier greffé sur franc peut succéder au poirier greffé sur coignassier.

Quelle profondeur et quelle largeur doit-on donner au creux? La nature du sol et le besoin de la plante servent de guide.

Plus le sol est défavorable, plus le creux doit être grand, parce que, dès que les racines atteignent la mauvaise terre, l'arbre souffre ; elles l'auront bientôt atteint, si le creux a été petit. L'étendue des racines est en général proportionnée à celle des branches.

Les creux doivent être plus grands pour les arbres à plein vent, qui poussent de longues racines et doivent résister à la violence des vents ; plus profonds pour les arbres dont les racines pivotent et s'enfoncent à quatre ou cinq pieds, comme le poirier et l'amandier ; moins profonds et plus larges pour les arbres dont les racines tracent.

Ordinairement on conseille de leur donner trois ou quatre pieds de profondeur et autant de largeur. Ce qui vient d'être dit prouve que ce conseil doit être modifié selon la nature du sol et l'espèce d'arbre.

Règle générale : Plus les trous sont grands, plus les arbres acquièrent de la force et donnent de fruits.

Lorsqu'on plante une ligne d'arbres fruitiers, on pratique dans toute la longueur une tranchée à laquelle on donne la profondeur et la largeur des creux. Les racines ont plus de facilité à s'étendre dans la nouvelle terre que l'on y met, et les arbres végètent avec plus de force.

Choix du plant.

Le jardinier choisit ses arbres. Il n'admet que les plants d'un , de deux ou de trois ans au plus.

En principe général, plus les arbres sont jeunes , plus ils sont d'une reprise assurée et plus ils deviennent beaux ; ils durent plus long-temps et donnent une plus grande abondance de fruits.

C'est une grande erreur que de planter des arbres tout dressés. J'avais fait transplanter avec soin un grand nombre de poiriers et de pommiers en plein rapport, dans l'espérance d'obtenir plus tôt leurs fruits ; ils ont végété pendant dix ans sans produire, et j'ai été obligé de les remplacer par de jeunes arbres qui n'ont pas tardé de répondre à mes désirs et de me convaincre que j'avais fait une école.

Les poiriers et les pommiers destinés à être élevés à plein vent, sont greffés sur sauvageon et sur franc ; les racines, qui s'enfoncent davantage et deviennent plus fortes, les soutiennent.

Les arbres à basses tiges sont greffés, le poirier sur coignassier, le pommier sur doucin ou paradis.

Cependant on greffe aussi sur franc les espèces qui se mettent aisément à fruit et dont on élève la tige en buisson, en espalier, à quenouille et à gobelet, tel que le beurré et autres. Ils deviennent plus beaux et durent plus long-temps.

Si l'on greffait sur franc ou sur sauvageon, les

arbres à basse tige qui se mettent difficilement à fruit, tel que la virgouleuse, ils ne pousseraient que des branches à bois.

On appelle *sauvageons* les plants provenant des graines des arbres qui croissent naturellement dans les bois et qui constituent l'espèce originelle. On a appelé *francs* les pieds résultant du semis des graines des variétés plus ou moins perfectionnées par l'agriculture ; ainsi des pepins de crassane, de calville donnent des francs.

L'expérience a prouvé qu'une greffe de variété perfectionnée qu'on plaçait sur un véritable sauvageon était plus longue à se mettre à fruit, fournissait des fruits inférieurs en grosseur et en saveur à ceux produits par une greffe prise sur le même arbre et placée sur un véritable franc. Mais elle donne une plus grande quantité de fruits, prend plus d'amplitude et dure plus long-temps. Les arbres greffés sur franc sont préférables près des grandes villes, où les beaux fruits sont recherchés ; mais ceux qui croissent sur sauvageon doivent être préférés dans les campagnes, où l'on désire l'abondance (1).

Les jardiniers rejettent avec raison les plants dont la tige n'est pas belle et dont l'écorce est altérée, ceux qui ont été greffés plusieurs fois, ceux

______

(1) Nouveau cours complet d'agriculture...., par la section d'agriculture de l'Institut de France, 1813.

dont les racines sont desséchées par une trop longue exposition à l'air, déchirées, meurtries ou trop altérées pour reprendre facilement.

Les jeunes arbres ne doivent pas passer d'une bonne terre dans une autre de qualité inférieure où ils trouveraient moins de sucs et ne prospéreraient pas ; cependant on doit repousser les plants faibles dont le développement s'est fait d'une manière imparfaite dans un sol de mauvaise qualité ; ainsi que les enfans mal nourris et qui ont souffert dans leur enfance, ils s'en ressentent pendant toute la durée de leur existence ; ils végètent mal, sont sujets aux maladies et périssent plus tôt.

Le jeune arbre est déplanté avec précaution, afin que les racines ne soient pas mutilées. Pour cela on fait une tranchée autour ; on soulève la terre avec le trident, et on réussit mieux quand la terre est humide. Il est bien des jardiniers qui négligent ces soins utiles au succès d'une plantation.

Plus un arbre a de racines, plus il végète avec force. Ce principe indique qu'il ne faut pas trop couper les racines des jeunes arbres, surtout des espèces où elles repoussent moins aisément. Il y a toujours plus d'avantage à planter un arbre avec toutes ses racines saines ; mais il est rare qu'on puisse le faire ainsi.

On appelle habiller une plante, l'opération par laquelle on retranche quelques-unes de ses racines.

On retranche celles qui sont pouries, celles qui sont cassées ou déchirées.

On coupe à leur extrémité celles qui, par leur grosseur, annoncent plus de vigueur que les autres ; parce qu'un arbre vient mieux quand toutes ses racines sont de même force.

Le pivot est le prolongement du tronc ; c'est la radicule grossie. Il a le double avantage d'assurer plus de solidité aux grands arbres et d'aller à une grande profondeur chercher l'humidité et les sucs nécessaires à la plante. On le conserve dans les terrains secs et aux arbres à plein vent.

La coupe du pivot affaiblit l'arbre, mais il se met plus tôt à fruit. Aussi les jardiniers le coupent aux arbres fruitiers et aux arbustes dont ils veulent modérer la hauteur.

Le pivot coupé, il se développe beaucoup de racines latérales qui se garnissent de chevelu. *Roger Schabol* donnait le conseil de conserver le pivot au lieu de le couper, et de le courber horizontalement, pour augmenter la force de l'arbre.

La coupe des racines doit être faite en dessous, nette et et en bec de flûte ; la cicatrice se fait plus aisément.

Le chevelu est conservé avec soin. S'il est sec ou un peu flétri, on n'en coupe que l'extrémité. C'est pour éviter cette altération nuisible à la reprise, que l'on n'arrache les jeunes plants que lorsqu'on

veut les replanter. Si on est obligé de les déplanter
plus tôt , on les met de suite en jauge , c'est-à-dire
dans une rigole faite à la pioche, où les racines
sont aussitôt recouvertes de terre bien divisée et
humide. Exposées à l'air et surtout au soleil, les
racines se dessèchent et s'altèrent.

Tout arbre dont la reprise est aisée , principa-
lement celui qui vient de boutures, peut avoir les
racines raccourcies sans danger.

Plantation.

Lorsque la terre est préparée, le sol défoncé
convenablement et le jeune arbre choisi , on fait
la plantation.

Le temps le plus favorable aux plantations est
celui qui suit la chute des feuilles, jusqu'à leur
renaissance.

Les arbres qui poussent de bonne heure au
printemps, dit *Bosc* , ceux qu'on destine à des
sols légers, secs et chauds, doivent être plantés en
automne ; ceux qui craignent les gelées, ceux qu'on
destine à être plantés dans des terrains argileux et
humides, doivent l'être au printemps. Le moment
le plus favorable est celui où la température est
douce , la terre humide et friable.

On ne plante point pendant les gelées, ni après
les grandes pluies quand la terre est trop mouillée.

Lorsque tout est disposé , on garnit les creux ou

la tranchée jusqu'à la hauteur à laquelle le plant doit être placé.

Si le terrain est bas, que l'eau des pluies y séjourne et fasse craindre que les racines ne pourissent, on doit suivre le conseil donné par *Roger Schabol* dans son Traité de la pratique du jardinage.

Il consiste à faire un petit creux au fond du trou et à y placer quelques cailloux, de manière à former un petit puits perdu.

Avant de jeter la terre destinée à garnir le trou, les jardiniers étendent dans le fond, des débris de plantes herbacées, des feuilles ou du fumier peu fait, comme un engrais qui donnera à la racine de nouveaux sucs lorsqu'elle l'aura atteint.

Roger Schabol conseille de placer au fond et jusqu'au milieu du trou des gazons renversés, brisés et étendus par couches. Les avantages des gazons qu'une longue expérience m'a fait connaître, dit-il, me déterminent à les conseiller, pour en faire la base des plantations. Ils durent dix, douze à quinze ans sans être consommés tout à fait, et ne pourissent que lentement.

Cette méthode est adoptée par un grand nombre de personnes qui se louent de son emploi.

Quelle que soit la substance végétale que l'on ait placée au fond du trou ou de la tranchée, on achève de le garnir avec la terre que l'on destine à cet effet.

Les jardiniers dont la terre est de bonne qualité emploient pour cela celle de la surface , prise à quelque distance de l'arbre où elle a été exposée à l'influence de l'air, des pluies et des engrais.

Dans les sols moins favorables , on garnit le trou avec la terre transportée et préparée comme nous l'avons dit. On a l'attention d'ôter les pierres et de bien la diviser en la passant à la claie , surtout pour les arbres délicats et les plantations soignées.

A quelle profondeur doit-on planter les arbres ?

Un arbre planté trop près de la superficie du terrain, dit *Duhamel*, peut être renversé par le vent ; les grandes sécheresses ou la gelée sont dans le cas d'atteindre ses racines et de le faire périr. Mais si on le plante trop avant , les racines sont moins à portée de s'étendre dans la meilleure terre qui est toujours à la surface , elles se trouvent privés de l'influence de la chaleur , de l'air et des petites pluies , etc. Aussi languit-il , et s'il est de nature à pousser aisément des racines , il en fera de nouvelles au-dessus des anciennes. Il y a donc un milieu à garder. Les arbres destinés à devenir fort grands , ceux qui sont exposés au midi , ceux qui sont dans des terres légères , craignent moins d'être enfoncés que les autres. On plante moins profond le pêcher greffé sur amandier que le pêcher greffé sur prunier.

La partie où la greffe a été pratiquée, est élevée à quatre pouces à peu près au-dessus de la surface du sol. Si on l'enterre, de nouvelles racines naissent de la tige greffée et donnent à l'arbre une telle force, qu'il ne se met point à fruit et ne produit que du bois ; l'arbre pousse sur franc ; on perd ainsi les avantages de la greffe. On est obligé de remédier à cet inconvénient en coupant ses racines.

Lorsqu'on plante un arbre dans l'intention de le disposer en espalier, on l'incline de telle manière, que les racines éloignées du mur, la tige s'en rapproche sans être courbée, ce qui gênerait le cours de la sève et affaiblirait la plante. Les racines les plus éloignées du mur sont plus élevées et s'étendent dans la terre végétale qui est près de la surface.

Le jeune arbre placé dans l'alignement qui a été déterminé, la greffe tournée au midi, et la cicatrice au nord, ses racines sont écartées avec soin. On leur donne leur direction naturelle en évitant de les courber afin de ne pas les affaiblir. Dans les terres humides et argileuses, au lieu de mettre les racines dans le fond en plongeant, on les place de façon qu'elles soient toutes horizontales. Près des murs les racines les plus nombreuses sont étendues des deux côtés ; lorsqu'il y en a autant d'un côté que de l'autre, l'arbre pousse plus également.

Les racines sont couvertes de terre bien divisée

que l'on laisse tomber doucement pour ne pas les meurtrir. On garnit les intervalles en faisant pénétrer la terre avec les doigts et en soulevant la plante par de légères secousses, afin que la terre pénètre dans les vides. On évite ainsi ces vides ou chambres que les jardiniers redoutent avec raison, puisqu'elles altèrent les racines.

On ne tasse la terre que légèrement avec les mains et on achève de remplir le creux. C'est une pratique meurtrière que de tasser fortement la terre avec les pieds ; on la durcit et les racines ne s'y introduisent qu'avec peine.

La surface du sol est inclinée vers l'arbre si l'on craint la sécheresse. Si, au contraire, on craint l'humidité, on l'incline vers la circonférence, pour rejeter en dehors les eaux des pluies.

Les soins ultérieurs consistent à empêcher l'herbe de croître au pied des arbres, et à les arroser s'il en est besoin.

Chaque année l'arbre est soumis à la taille indiquée par Butret.

FIN.

www.ingramcontent.com/pod-product-compliance
Lightning Source LLC
LaVergne TN
LVHW010909180726
843502LV00010B/4050